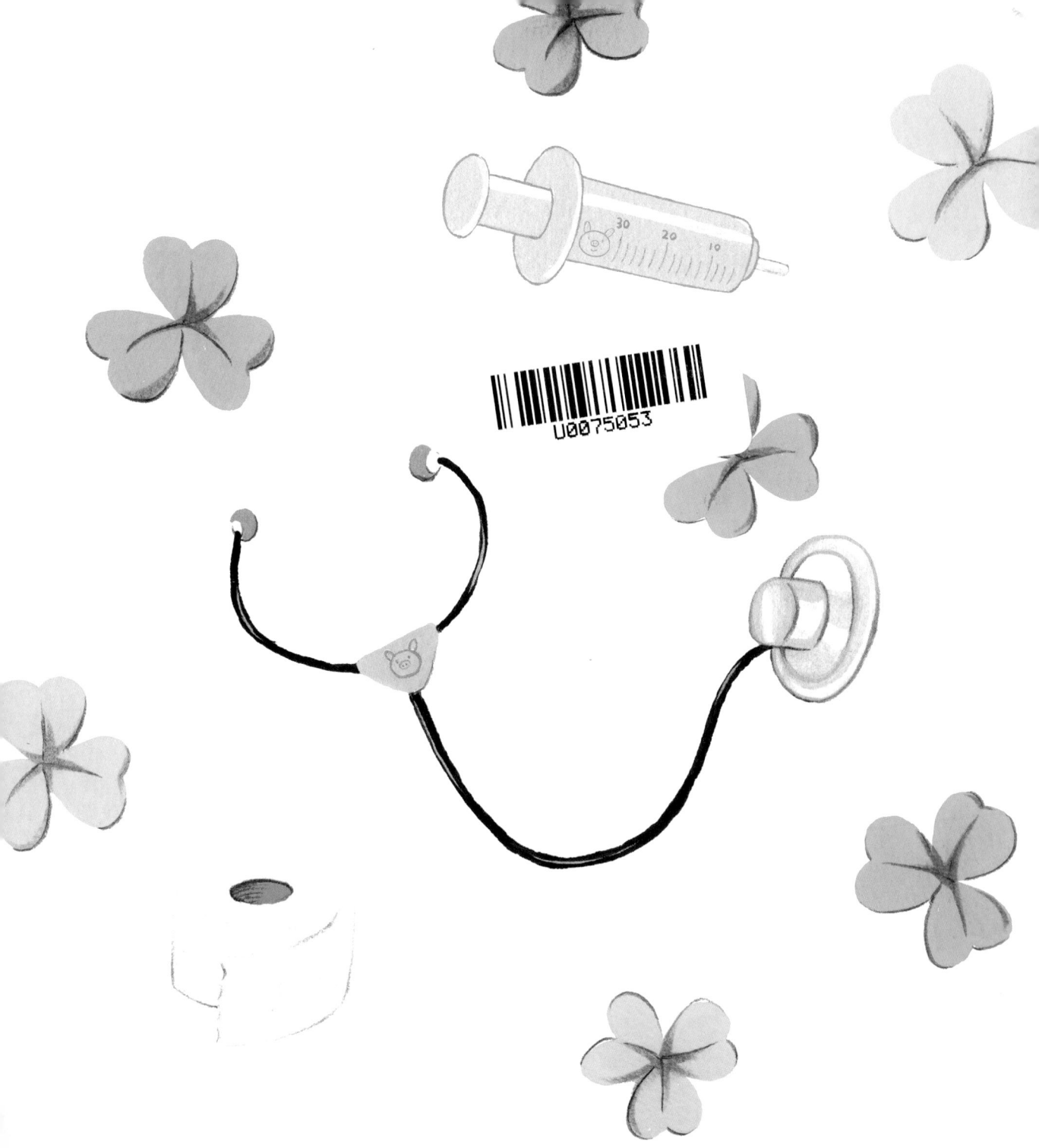

U0075053

繪本 0218

乖乖不怕打針

作繪者｜陳致元

責任編輯｜陳毓書　美術設計｜林家蓁　行銷企劃｜陳詩茵、吳函臻
天下雜誌群創辦人｜殷允芃　董事長兼執行長｜何琦瑜
兒童產品事業群
副總經理｜林彥傑　總編輯｜林欣靜　主編｜陳毓書　版權主任｜何晨瑋、黃微真

出版者｜親子天下股份有限公司　地址｜台北市 104 建國北路一段 96 號 4 樓
電話｜（02）2509-2800　傳真｜（02）2509-2462　網址｜ www.parenting.com.tw
讀者服務專線｜（02）2662-0332　週一～週五：09:00~17:30
讀者服務傳真｜（02）2662-6048　客服信箱｜ parenting@cw.com.tw

法律顧問｜台英國際商務法律事務所 · 羅明通律師　印刷製版｜中原造像股份有限公司
總經銷｜大和圖書有限公司　電話：（02）8990-2588

出版日期｜ 2018 年 6 月第一版第一次印行
2023 年 2 月第一版第七次印行
定價｜ 280 元　書號｜ BKKP0218P　ISBN ｜ 978-957-9095-71-6（精裝）

訂購服務
親子天下 Shopping ｜ shopping.parenting.com.tw　海外 · 大量訂購｜ parenting@cw.com.tw
書香花園｜台北市建國北路二段 6 巷 11 號 電話（02）2506-1635　劃撥帳號｜ 50331356 親子天下股份有限公司

立即購買 >
親子天下 Education · Parenting Family Lifestyle　親子天下 Shopping
親子天下 有聲故事書

乖乖不怕打針

早上一起床，乖乖就覺得身體不舒服。不只頭暈還一直吐。

而且他吃不下最喜歡的草莓果醬三明治。

媽媽摸乖乖的額頭，
哇！有一點熱，
應該要趕快去醫院。

乖乖在醫院看到一個小孩，他邊跑邊哭的說：

「我不要打針。」

乖乖嚇了一跳。

四
五
六
日

輪到乖乖看診了，
護士阿姨先測量
耳溫。

接著，醫生伯伯
檢查乖乖的喉嚨、
聽聽肚子……

最後醫生伯伯說：
「乖乖不舒服，又一直吐，要打針唷！」

乖乖聽到要打針，
害怕的說：「我不
要——　我不要——
我不要打針。」

我不要！

我不要！

我不要！

我不要！
我不要！
不要打針！
我要回家～

乖乖一直哭，一直哭。

媽媽牽著乖乖說：「我們先去休息一下吧！」

媽媽等乖乖不哭了，

再幫乖乖穿好鞋子。

乖乖說：「我怕打針。」

媽媽抱著乖乖說：「打針會讓生病快快好，

會有一點刺痛， 像指甲刺一下。」

媽媽說：「如果乖乖勇敢打針，就可以快點好！」

乖乖想了一下，說：「嗯，我要勇敢打針！」

乖乖還是有點害怕，所以媽媽陪乖乖練習打針。

乖乖閉上眼睛，深吸一口氣，媽媽說：「一點點痛，像指甲刺一下。」

結果，乖乖笑出來了，沒有想像的這麼痛嘛！

刺刺的！

癢癢的！

換乖乖假裝幫媽媽打針。媽媽也說：

「好刺！好癢！」

現在，護士阿姨要幫乖乖打針了。

先用棉花在手臂上消毒，「要打針了唷！」

乖乖緊緊的抱著小熊……。

護士阿姨親切的說：

「不用緊張，放輕鬆，

像指甲刺一下就好了！」

「乖乖很勇敢！」護士阿姨說。

乖乖笑著說：「因為我有和媽媽練習打針了。」

護士阿姨說：「這是藥水，記得多漱口，常洗手唷！」

回家的路上，乖乖看著手上的小紅點，已經不痛了。

一回到家，喝完藥水，

乖乖就躺在床上睡著了。

起床後，乖乖感覺好多了。乖乖覺得護士阿姨和醫生伯伯好厲害，幫人看病、打針，感冒就會快快好。

乖乖小兒科

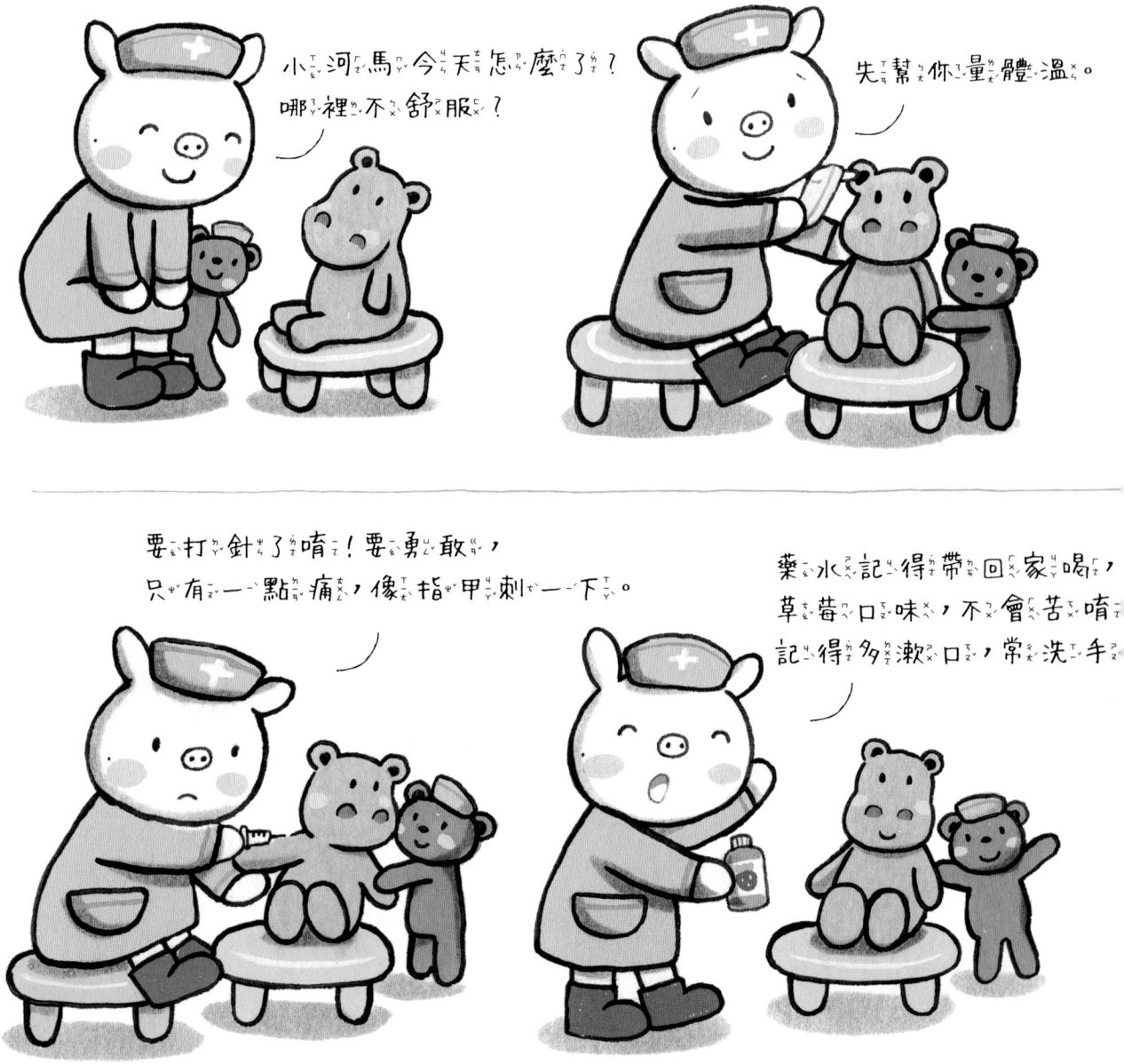
小河馬今天怎麼了？哪裡不舒服？
先幫你量體溫。
要打針了唷！要勇敢，只有一點痛，像指甲刺一下。
藥水記得帶回家喝，草莓口味，不會苦唷記得多漱口，常洗手

啊！張開嘴巴！
嗯嗯，喉嚨腫腫的。
聽聽肚子，
咕嚕、咕嚕——
我知道了！
好勇敢！
生病快點好，
才能一起玩！

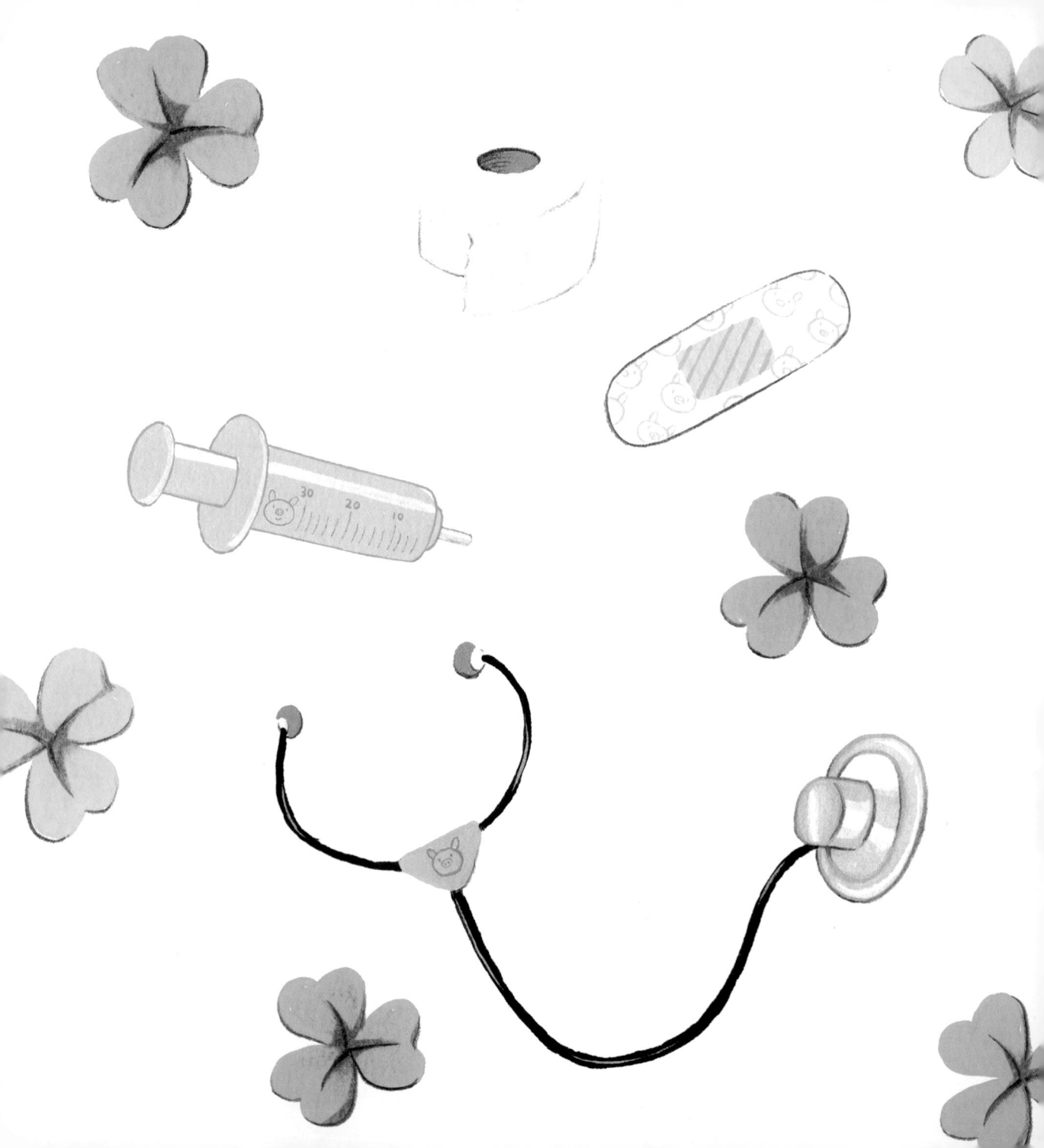
30
20
10